ISSN 0371-327X

SITZUNGSBERICHTE DER SÄCHSISCHEN AKADEMIE
DER WISSENSCHAFTEN ZU LEIPZIG

Mathematisch-naturwissenschaftliche Klasse
Band 116 · Heft 7

ADOLF WATZNAUER

DIE ROLLE DES RADONS (ISOTOP ^{222}Rn) ALS UMWELTFAKTOR — EINE ÜBERSICHT

Mit 3 Abbildungen und 4 Tabellen

AKADEMIE-VERLAG · BERLIN
1983

Vorgetragen in der Sitzung am 12. Juni 1981
Manuskript eingereicht am 5. März 1982
Druckfertig erklärt am 8. November 1983

Erschienen im Akademie-Verlag, DDR - 1086 Berlin, Leipziger Straße 3—4

Lizenznummer: 202 · 100/524/83
Printed in the German Democratic Republic
Gesamtherstellung: VEB Druckhaus „Maxim Gorki“, 7400 Altenburg
LSV 1405
Bestellnummer: 763 233 9 (2027/116/7)
00500

INHALTSVERZEICHNIS

1. Vorbemerkungen

Begriffe und Vorstellungen der Wissenschaften müssen, sollen sie nicht in das Gestrüpp einer Zahlen- und Wortmystik führen, mit Worten der Umgangssprache ausgedrückt werden. Dies trifft für den Begriff der „Umwelt" ebenso wie für den des „Faktors" und das Wort „Radon" zu. Alle drei bedürfen vor der Verwendung einer Präzisierung ihres Inhalts und ihres Umfanges bzw. ihres Geltungsbereiches. Für das Wort „Radon", das selbst der wissenschaftlichen Sprache entnommen ist, reduziert sich die aufgestellte Forderung auf die Aufzählung seiner Charakteristika in dem Umfange, wie es für die gestellte Problematik notwendig erscheint.

Der Begriff „*Umwelt*" bedeutet im allgemeinen Sprachgebrauch all das, was um ein Zentrum angeordnet ist bzw. auf ein solches bezogen werden kann. Früher sprach man von einem „Milieu": Die Biologie kennt ein „Biotop", und in der anorganischen Welt ist der „Paragenese"-Begriff der Mineralogie, der „Mineral-Facies"-Begriff der Petrographie und der „Litho"- bzw. „Biofacies"-Begriff der Stratigraphie inhaltlich mit dem Umweltbegriff identisch.

Der Umwelt-Begriff besitzt zwar einen zentralen Bezugspunkt, ist aber an sich wertfrei. Wenn man heute eine Wertung damit verbindet, grenzt man ihn auf „unsere" Umwelt ein, d. h., man bezieht ihn homozentrisch — auf sich. Man spricht von Umweltverschmutzung und meint damit eine Veränderung *unserer* Umwelt, die *uns* jetzt einen Schaden bringt oder in näherer Zukunft einen solchen befürchten läßt. Bei dieser Verengung wird übersehen, daß es für *andere* Zentren *andere* Umwelten gibt: So hat das Insekt die seine, und die Bakterien haben die ihre. Für das Insekt sind die Insektizide eine Umweltverschmutzung und für das pathogene Bakterium das medizinische Präparat. Eine strahlungsinduzierte Neuzüchtung, die für uns positive Aspekte hat, kann für den betreffenden Organismus negativ sein; dabei greifen die Umweltkreise biostromatisch in oft schwer zu übersehender Form ineinander und beeinflussen sich gegenseitig. Dadurch wird eine absolute Wertung unmöglich. Das gilt auch dann, wenn man die genannte anthropozentrische Einengung des Umweltbegriffes vollzieht. Dies wird oft, zum Schaden des Gesamtsystems, übersehen.

In den folgenden Ausführungen soll das Leben, die lebende Substanz, das Bios als zentraler Bezugspunkt angesehen werden. Dafür sprechen zwei Gründe: Einmal sind gewisse Grundzüge allen Lebewesen gemeinsam, wodurch sich methodisch eine beschränkte Übertragbarkeit von Erfahrungen an einer Stelle auf eine entferntere ermöglicht, zum anderen hat der in die Betrachtung einbezogene Faktor Radon eine ubiquitäre Verbreitung und Wirkung, so daß auch damit eine Erweiterung auf die angegebene Dimension gerechtfertigt erscheint.

Faktoren seien alle jene Einflüsse genannt, die von außen auf ein durch einen Bezugspunkt charakterisiertes System, dieses verändernd, einwirken. Ist das betrachtete System komplexer Natur, besteht es aus einer Anzahl von Subsystemen, denen jeweils ein eigener Bezugspunkt zugehört, bildet sich eine hierarchische Ordnung und damit eine Wertung der Faktoren aus. Die Bewertung bezieht sich dabei nur auf die Intensität des Faktors. Davon unterscheidet sich grundsätzlich jene, wie sie in der Umgangssprache als summarisch positiv bzw. negativ Verwendung findet. In letzterem Sinne bezeichnet man einen Faktor als positiv wirksam, wenn er zur Erhaltung des zugehörigen Systems, als negativ, wenn er zu dessen Zerstörung führt. In diesem Sinne wird er im allgemeinen in Fragen des Umweltschutzes, d. h. bei einem streng homozentrisch orientierten System, gebraucht. Erst in den letzten Jahren entwickelt sich, zwangsläufig aufgrund vieler Mißerfolge in der Praxis des Naturschutzes, das Bewußtsein, daß in der Natur ein biostromatisches Gefüge vorliegt, das sensu lato in ein universelles eingebettet ist. Daran ist nicht zu zweifeln, aber die Entwicklung der menschlichen Gesellschaft ist ohne Eingriffe in das natürliche Gefüge nicht möglich. Es gibt bereits heute, von der Noosphäre bis zur Stratosphäre, keinen Bereich, dessen natürlich-dynamisches, sich evolutionistisch verschiebendes Gleichgewicht nicht von technischen Eingriffen gestört ist. So entwickelt sich als universeller Maßstab für die Begriffe positiv und negativ zwangsläufig ein anthropozentrischer. Für Subsysteme ist dieses Begriffspaar kaum oder bestenfalls als Fiktion akzeptabel. So hat sich in der Literatur für das sehr komplexe Bezugssystem Radon — Leben der Terminus „biopositiv“ bzw. „bionegativ“, d. h. eine objektive Bewertung, entwickelt. Er sei im Folgenden vermieden und dafür die neutrale Formulierung „strahlungsinduzierte (Zell-) Veränderung“ verwendet.

Mit der mehr oder weniger deutlich auf den Menschen zentrierten Bewertung ist eine nicht unerhebliche Komplikation verbunden. Eine solche Bewertung ist nicht nur auf den Standpunkt der Betrachtung hin fixiert, sondern auch zeitgebunden. Wer z. B. heute den Karst sieht, ist erschreckt über die Verwüstungen, die hier im Altertum und Mittelalter angerichtet wurden; aber man vergißt dabei, daß das gewonnene Holz zum Bau von Schiffen gebraucht wurde, ohne die Entwicklung und Verbreitung der griechischen Kultur nicht möglich gewesen wäre. *Ist dieser Eingriff in die Umwelt nun positiv oder negativ zu bewerten?*

Dieser zeitabhängige, amphoterische Charakter, wie er am Beispiel eines technischen Eingriffes in die Umwelt gezeigt wurde, ist auch dem Umweltfaktor „Radon" sowie allen Strahlungen, bezogen auf die Biosphäre, eigen. Das Radon gehört dabei zu jenen Faktoren, bei denen die Auswirkungen in bezug auf ihr sichtbares Einsetzen so spät in Erscheinung treten, daß die Ursache-Wirkung-Beziehung sehr schwer erkennbar ist. Grund dafür ist das Fehlen eines für Strahlung dieser Art empfänglichen menschlichen Sinnes. Die biologisch wirksamen Strahlungen des Radons sind weder hörbar noch sichtbar, tastbar oder zu schmecken, und ihre Verursacher, im gegebenen Falle das Radon, aber auch die verwandten Isotope Thoron und Actinon entziehen sich als Gase der direkten sensoriellen Erfassung. Das machte früher auch den Eindruck der Unheimlichkeit dieser Stoffarten und Prozesse aus und tut es für große Teile der Menschheit auch heute noch. Gäbe es ein für alle Strahlungen empfindliches Organ, so wäre für den Träger dieses Organs die Welt ein Chaos.

Ob Tiere einen Sinn für einige dieser Strahlenarten oder speziell für das Element Radon haben, mag offen bleiben. Für eine gewisse Sensitivität spricht die Beobachtung, daß Bodentiere ihre Höhlen verlassen, wenn sich ein Erdbeben ankündigt. Das vermehrte Ausströmen von Radon in diesem tektonischen Stadium könnte eine zugehörige Ursache sein.

Auch der Begriff *Radon*, wie er im Folgenden gebraucht werden soll, bedarf einer kurzen Erläuterung. Radon ist ein Element (Symbol Rn), das nur als Glied einer durch einen gerichteten natürlichen Kernzerfall charakterisierten Reihe auftritt. Diese geochemische Position bringt es mit sich, daß es praktisch nie in reiner Form in Erscheinung tritt. Es ist stets durch seine Vorstufen und seine Folgeprodukte verunreinigt. Diese Komplexität, die man sehr zeitig als Zustand beobachtete, aber nicht in ihrer Ursache erkannte, führte zur Bezeichnung dieses strahlenden Etwas als Emanation — Aushauchung — und man faßte es als ein Element auf. Die Bezeichnung „Eman" für eine alte Maßeinheit weist heute noch auf diese Auffassung hin.

Im Folgenden soll „Radon" in diesem theoretisch nicht ganz richtigen, aber praktisch stets zu rechtfertigenden Sinne gebraucht werden. Die Bezeichnung Radon soll deshalb beibehalten werden, weil das Isotop ^{222}Rn stets die Hauptmenge dieses Element- (und Isotopen-) Gemisches darstellt.

2. Geschichtliche Entwicklung der Problematik

Es gibt keinen Zweifel daran, daß das Radon als reaktionsträges Edelgas nicht in seiner durch die Elektronenhülle bedingten chemischen Natur, sondern in einer Kerneigenschaft als α-Strahler auf tierische und pflanzliche Zellen einwirkt.

Mit dieser Eigenschaft machte die Menschheit bereits im 16. Jahrhundert[1], zur Zeit des Silberbooms in St. Joachimsthal (heute Jachýmov/ČSSR) und Schneeberg Bekanntschaft. Es war eine Bekanntschaft, denn das Bewußtsein einer Verknüpfung der „Bergsucht", wie sie PARACELSUS (1493—1541) in seiner Schrift „Von der Bergsucht und anderen Bergkrankheiten in der Meissnischen Region" nannte und AGRICOLA später beschrieb (1527), mit der Grubenluft bestand wahrscheinlich nicht, da die Krankheit auch Menschen befiel, die nicht im Bergwerk tätig waren, wie Hüttenleute und Glasarbeiter, die Uraniumfarben herstellten und damit dem „Anna-Grün" — einer damals sehr begehrten Glassorte — den grünleuchtenden Glanz verliehen. Es war weder die „Armut" der erzgebirgischen Bergleute — Hungersnöte waren kein trauriges Privileg des Erzgebirges, es gab sie auch von Zeit zu Zeit im reichen böhmischen Innenland, wovon die Hungermauer am Prager Petřin ein beredtes Zeugnis gibt —, noch deren ausschweifendes Leben, wie es der Joachimsthaler Pfarrer MATHESIUS geiselt, sondern das durch den intensiven Bergbau freiwerdende Radon, das die „Bergsucht" verursachte.

Um 1500 war die „Sucht" eine erzgebirgische Krankheit, heute entwickeln sich hier und in ähnlich gelagerten Bergbaugebieten der USA (speziell des Colorado-Gebietes), Kanadas, Südafrikas, Australiens usw., aber auch in den Hämatitgruben Englands, Kanadas und der USA und in vielen Flußspatrevieren der Welt neue Zentren.

Die Diagnose „Krebs" für die „Schneeberger Krankheit", wie die Bergsucht auch bezeichnet wurde, ~~wurde von K.~~ HÄRTING (1879) erhärtet, aber erst 1951 wurden durch W. BOLE (Rochester) die Zerfallsprodukte des Radons als eigentliche Ursache erkannt.

Es ist nicht verwunderlich, wenn die „Schneeberger Krankheit" als die ausschließliche Wirkung des α-strahlenden Radons bzw. seiner Folgeprodukte in unserer strahlungsüberängstlichen Zeit stärker in den Vordergrund tritt

[1] Siehe hierzu WILSDORF, H.: Dr. GEORGIUS AGRICOLA und Dr. KÁLMÁN RORBACHER aus Ungarn und die Begründung der Bergbaumedizin durch Dr. WENCESLAUS PAYER VON ELNBOGEN, Magister MAGNUS HUND VON MAGDEBURG und Dr. THEOPHRASTUS PARACELSUS VON HOHENHEIM. — Jb. des Staatlichen Museums für Mineralogie und Geologie zu Dresden 1959. Dresden und Leipzig: Verlag von Theodor Steinkopff 1960.

als seine heilende Wirkung, obwohl letztere schon viel länger bekannt ist. Die Heilkraft der Quellen von Ischia und Badgastein kennt man seit 2000 bzw. 1300 Jahren. In den Granitgebieten des Riesen- und des Isergebirges, des Schwarzwaldes, des Erzgebirges und an anderen Orten sucht die Bevölkerung noch heute „Heilige Brünnel" zur Heilung gewisser Krankheiten auf. Die Tatsache, daß der Rn-Gehalt dieser Quellen erst nach 1900 als wirkender Faktor erkannt wurde, spricht nicht gegen seinen Einsatz als Heilmittel, macht aber im Hinblick auf die Ursache der „Schneeberger Krankheit" eine Problematik sichtbar, die heute im Mittelpunkt ausgedehnter Diskussionen um die Rolle des Radons als Umweltfaktor steht. Waren die Erfahrungen in den Heilbädern schwer objektiv zu fassen, so schienen die Versuche von H. MOLISCH (1912), der Roßkastanien und andere Pflanzen durch Belüftung mit Rn-haltiger Luft zum früheren Blühen brachte, eine positive Wirkung des Radons zu bestätigen. Die Ergebnisse bzw. ihre Deutung sind umstritten. Die Tatsache, daß diese Thematik von T. D. LUKEY neu aufgegriffen und am Beispiel menschlicher Schicksale diskutiert wird, zeigt den ethischen Aspekt der Problematik: LUKEY stellt die These auf, daß Lebewesen eine bestimmte Strahlendosis brauchen, um sich zu entwickeln, und weist dabei unter anderem auf eine höhere Lebenserwartung von Japanern hin, die bei dem Atombombenabwurf von Hiroshima bzw. Nagasaki eine Bestrahlung von 11 bis 120 rad erhalten hatten (T. D. LUKEY: Hormesis with Ionizing Radiation; Nucleonics Week 30. 4. 81; RC-Press 1980). Zu einem analogen Ergebnis kommen J. POHL-RÜLING et al. 1979 bei Untersuchungen in Badgastein. Sie führen diesen überraschenden Effekt auf eine Anregung des Repair-Mechanismus durch α-Strahlung zurück. Sie weisen dabei auf die Möglichkeit hin, einen solchen Effekt für die therapeutische Wirkung niedriger Aktivitäten verantwortlich zu machen. Mutative Strahlenwirkung wurde erstmalig von H. J. MÜLLER (1927) an *Drosophila melanogaster* nachgewiesen. Über ihre positive bzw. negative Bewertung ist nichts bekannt.

Die später durch die oben erwähnte Diskrepanz der Radonwirkung initiierte intensive medizinische und physikalische Forschung hat die Grundlagen der Radontherapie in groben Umrissen aufgeklärt. Wenn auch noch viel zu tun bleibt, so scheint doch sicher zu sein, daß die lange Zeit vertretene Vorstellung, die Wirkung kleiner Dosen sei direkt und linear mit der großer Dosen verbunden, eine Radonbehandlung entspreche also einer kleinen „Schneeberger Krankheit", nicht zutrifft. Der qualitative Sprung zwischen heilend und zerstörend scheint durch einen quantitativen, d. h. einen solchen der Dosis, vorgezeichnet zu sein. Man kann ihn vielleicht in der Größe der den Heilungsvorgang beeinflussenden Energie sehen. Der individuelle Grenzwert der Energieproduktion würde die immer wieder zu beobachtende individuelle Reaktion auf die Einwirkung ionisierender Strahlen erklären.

Als zutreffend bleibt jedoch bestehen, daß ionisierende Strahlung „strahleninduzierte“ (Zell-) Veränderungen hervorruft.

Der Streit um heilende oder zerstörende Wirkung des Umweltfaktors Radon ist auch heute noch nicht beendet. Es gibt Bedenken gegen ionisierende Strahlung schlechthin, aber eben oft gezielt gegen das Radon gerichtet. Es ist ein Kampf der Heilbäder mit dem Vertreter einer Richtung, die jede Strahlung für „bionegativ“ ansieht. Der Streit erinnert etwas an den um den Einsatz der Röntgenstrahlen für die medizinische Diagnostik geführten, nur läuft er umgekehrt. 1895 zeigte die Knochenhand RÖNTGENS am Schirm sofort die Möglichkeit eines erfolgversprechenden medizinischen Einsatzes. Erst viele Jahre später kam mehr oder weniger stillschweigend der Katzenjammer über eine strahlenbedingte Gewebeschädigung als schädigenden Einfluß dazu. Hinsichtlich der Wirkung der α-Strahlung des Radons stand dagegen bereits bei ihrer Entdeckung durch RUTHERFORD und SODDY 1903 die Diagnose Krebs von 1879 am Anfang der Erkenntnis — vergleichbar damit ist heute die Angst vor dem Kernkraftwerk. Das Vertrauen auf eine heilende Wirkung wird sich nur langsam durchsetzen. Zu schnell spricht man von Noxen, wo man besser, zumindest am Beginn einer Wirkungsanalyse, neutral von einem Einfluß sprechen sollte.

3. Die Eigenschaften des Radons und deren Beziehung zur Umweltproblematik

Wie bereits eingangs erwähnt wurde, sollen die folgenden Ausführungen weder eine Monographie über das Radon geben, noch einen Abriß der Radioaktivität darstellen, sondern beide Gegenstände nur so weit berühren, als sie zur Thematik „Umwelt“ Bezug haben. Die Grundlagen der Radioaktivität sind übersichtlich dargestellt bei W. STOLZ (1976, 1978) und W. STOLZ, R. BERNHARDT (1981); eine physikalisch-chemische Charakteristik des Radons gibt F. WEIGEL (1978); über die medizinische Seite orientiert K. F. POULHEIM (1981).

Auf medizinische Fragen soll hier nicht näher eingegangen werden. Ganz ausklammern kann man sie aber wohl nicht, denn alle Umweltfragen sind mehr oder weniger auf den Menschen zentriert. Dies außer acht zu lassen, würde die Substanz der Ausführungen verringern und sie ihr Ziel verfehlen lassen. Die diesbezügliche Problematik soll jedoch nur dort Erwähnung finden, wo ein unmittelbarer Konnex zwischen gesundheitlichen bzw. biologischen Erscheinungen im allgemeinen und physikalischen Phänomenen sichtbar wird.

Umweltprobleme sind komplexer Natur. Solange die Umweltwissenschaft nicht voll entwickelt ist, d. h. kein eigenes Begriffsinventar besitzt, ist sie von interdisziplinärem Charakter, und die Wege zur Lösung ihrer Probleme sind multidisziplinärer Natur. Der Fachspezialist wird mehr oder weniger stets seine eigene Disziplin im Mittelpunkt sehen wollen; aber der Sinn einer Umweltbetrachtung liegt nicht in mehr oder weniger Exaktheit einer Einzelheit, sondern in deren Verknüpfung zu einem komplexen System.

3.1. Die kernphysikalischen Grundlagen

Die zur Zeit gültigen Nomenklaturen und Definitionen der im Folgenden verwendeten kernphysikalischen Größen und Einheiten bzw. solcher, die im Strahlenschutz verwendet werden, zeigt die Tabelle 1.

Tabelle 1

Einige Größen und Einheiten für Radioaktivität und Strahlenschutz

Größe	Einheiten	Bemerkungen
Charakterisierung der Quelle bzw. der von ihr abgestrahlten Energie		
Energiefluenz	Joule je Quadratmeter ($J \cdot m^{-2}$)	
Energieflußdichte	Watt je Quadratmeter ($W \cdot m^{-2}$)	
Quellstärke (= Emissionsrate) $B_S = \frac{dN}{dt}$	1/Sekunde (s^{-1})	Die Quellstärke ist definiert als der gesamte Teilchenstrom durch die Oberfläche der Quelle, d. h. als Anzahl der in einem Zeitelement durch die Oberfläche austretenden Teilchen, dividiert durch das Zeitelement.
Aktivität (= Umwandlungsrate) $A = \lambda N$	Becquerel (Bq) $1\ Bq = 1\ s^{-1}$ (SI-Einheit); Curie (Ci) $1\ Ci = 37 \cdot 10^{10}\ s^{-1}$	λ: nuklidspezifische Umwandlungskonstante; 1 Ci entspricht der Aktivität von 1 g Radium im Gleichgewicht mit seinen Folgeprodukten.
spezifische Aktivität $A_S = \frac{A}{m}$	$Bq \cdot kg^{-1}$	Aktivität bezogen auf die Masse
Konzentration von Rn in Wässern	$Bq \cdot l^{-1}$ bzw. $Bq \cdot kg^{-1}$; Eman ($1\ Eman = 10^{-10}\ Ci \cdot l^{-1}$); Mache-Einheit (1 Mache-Einheit = 3,64 Eman)	Bei 1 Ci Radioaktivität im Liter sind $6{,}5 \cdot 10^{-5}\ cm^3$ Radon im Liter enthalten.

Fortsetzung Tabelle 1

Größe	Einheiten	Bemerkungen
Charakterisierung der von der Substanz aufgenommenen Energie		
Energiedosis D	Gray (Gy) $1\ \mathrm{Gy} = 1\ \mathrm{J} \cdot \mathrm{kg}^{-1}$ (SI-Einheit); Rad (rd) $1\ \mathrm{rd} = 10^{-2}\ \mathrm{Gy}$	Die von der Strahlung getroffene Substanz nimmt nur einen Teil der zugeführten Energie auf (absorbed dose). Der Rest passiert die Substanz.*)
Äquivalentdosis $H = qD$	Sievert (Sv) $1\ \mathrm{Sv} = 1\ \mathrm{J} \cdot \mathrm{kg}^{-1}$; Rem (rem) $1\ \mathrm{rem} = 10^{-2}\ \mathrm{Sv}$	Hilfsgröße für den Strahlenschutz; q: empirisch festgesetzter Qualitätsfaktor, früher q = 10, jetzt q = 20 für α-Teilchen
effektive Äquivalentdosis	(wie für H)	Strahlenrisikoangabe
Expositionsdosis	Coulomb je Kilogramm ($\mathrm{C} \cdot \mathrm{kg}^{-1}$); Röntgen (R) $1\ \mathrm{R} = 2{,}58 \cdot 10^{-4}\ \mathrm{C} \cdot \mathrm{kg}^{-1}$	Dosiseinheit für Röntgen- und γ-Strahlung
Weitere im Text verwendete Größen		
Halbwertszeiten: physikalische (T_{phys})	(übliche Zeiteinheiten)	Zeit, in der sich die Hälfte einer bestimmten Anzahl von Atomkernen umwandelt
biologische (T_{biol})		Verweilzeit im Körper, nach der die Hälfte der Stoffmenge ausgeschieden ist; muß klein gegen T_{phys} sein
effektive (T_{eff}) $T_{\mathrm{eff}} = \frac{T_{\mathrm{phys}} \cdot T_{\mathrm{biol}}}{T_{\mathrm{phys}} + T_{\mathrm{biol}}}$		für Strahlenwirkung maßgebende Halbwertszeit
Working Level (WL)	(„WL" und „WLM" werden selbst im Sinne von Einheiten verwendet; vgl. Fußnote S. 22)	Gehalt der Luft an Zerfallsprodukten
Working Level Months (WLM)		Gesamtexposition am Arbeitsplatz
Relative biologische Wirksamkeit (RBW)		Verhältnis der Energiedosen verschiedener Strahlungen, die gleiche biologische Wirkungen verursachen

* Dies gilt nur dann, wenn die Reichweite größer ist als die Dicke der schwächenden Substanz, in der Regel also nicht für α-Strahlung.

Es gibt ca. 75 natürlich vorkommende radioaktive Nuklide. Ihre Mehrzahl liegt zwischen den Ordnungszahlen 84 und 92. 46 davon gehören drei in sich einheitlichen Umwandlungsreihen an: Uranium-Reihe, Thorium-Reihe, Actinium-Reihe. Jede dieser Umwandlungsreihen hat ein unter Normalbedingungen gasförmiges Zwischenprodukt. Das Radon (^{222}Rn) gehört der Uranium-Reihe (Tabelle 2) an. In der Thorium-Reihe entspricht ihm das Isotop Thoron (^{220}Rn, Th), in der Actinium-Reihe das Isotop Actinon (^{219}Rn, Ac). Zur Zeit sind Radon-Isotope mit Massenzahlen von 201–226 bekannt. Hier soll nur

Tabelle 2

Uranium-Umwandlungsreihe (vereinfacht)

Name	Strahlungsart	Chem. Symbol	Ordnungszahl Z (Stellung im Periodischen System)	Massenzahl (A)	α-Reichweite in Luft (15 °C, 760 Torr*) in cm	Halbwertszeit (T_{phys})
Uranium I		UI	92	238	2,63	$4{,}5 \cdot 10^9$ a
Uranium X_1	α	UX_1	90	234	—	24,1 d
Uranium X_2	βγ	UX_2	91	234	—	1,14 min
Uranium II	βγ	UII	92	234	3,22	$2{,}5 \cdot 10$ a
Ionium	α	Io	90	230	3,13	$8{,}2 \cdot 10^4$ a
Radium	αγ	Ra	88	226	3,30	1600 a
Radon	αγ	Rn	86	222	4,66	3,825 d
Radium A	α	RaA (^{216}Po)	84	218	4,67	3,05 min
Radium B	αβγ	RaB (^{214}Pb)	82	214	—	26,8 min
Radium C	βγ	RaC	83	214	4,1	19,7 min
Radium D	αβγ	RaD (^{210}Pb)	82	210	—	22,0 a
Radium E	βγ	RaE (^{210}Bi)	83	210	—	5,0 d
Radium F	βγ	RaF (^{210}Po)	84	210	3,85	138 d
Radium G (Uranblei)	αγ	RaG (^{206}Pb)	82	206	—	stabil

* Siehe Fußnote auf S. 15

auf ^{222}Rn Bezug genommen werden. Nur dieses Isotop hat eine T_{phys}, die sich biologisch auswirken kann; die Halbwertszeiten der beiden anderen genannten liegen im Bereich von Sekunden.

Neben den Nukliden dieser Reihen existiert noch eine Anzahl von isolierten radioaktiven Nukliden. Sie sind alle, mit Ausnahme der durch die kosmische Strahlung ständig nachgebildeten, sehr langlebig und erleiden nur einen Zerfall. Von einiger Bedeutung ist nur der β-Strahler ^{40}K, der sich mit einer T_{phys} von $1{,}3 \cdot 10^9$ a in ^{40}Ca und ^{40}Ar umwandelt. Das Kalium hat eine große Verbreitung und trägt zum allgemeinen natürlichen Strahlungsspiegel erheblich bei. Die anderen isolierten Nuklide sind für das irdische Strahlenklima ohne größere Bedeutung. Ihre Konzentration in der Atmosphäre ist äußerst gering und ihre T_{phys}, mit Ausnahme der des Berylliums (^{10}Be: $2{,}5 \cdot 10^6$ a), des Chlors (^{36}Cl: $3 \cdot 10^5$ a), des Kohlenstoffs (^{14}C: 5730 a) und des Siliciums (^{32}Si: 710 a), klein.

Bei der beim radioaktiven Zerfall ausgesendeten Strahlung unterscheidet man die korpuskulare α- und β-Strahlung und die Wellencharakter besitzende γ-Strahlung. Alle drei sind (direkt bzw. indirekt) ionisierend.

Die *α-Strahlung* ist charakterisiert durch die Emission eines doppelt positiv geladenen Helium-Kernes. Das freiwerdende Helium (^{4}He) wurde von RUTHERFORD spektroskopisch nachgewiesen. Das radiogene Helium ist, auch im biologischen Bereich, weitverbreitet. Konzentriert tritt es, seiner Herkunft entsprechend, an allen Stellen intensiver α-Strahlung auf, wie in Kohlen und Erdölen, in denen Zerfallsprodukte der Uranium-Reihe gespeichert sind, in Grund- und Quellwässern, wo es als Zerfallsprodukt des Radons oder als Lösung des frei im Gestein vagabundierenden He-Gases vorkommt, und in Zonen künstlich oder natürlich hochgradig zerrütteter Gesteinspartien, wo es aus He-haltigen Mineralen durch deren Zerbrechen freigesetzt wird. Als Beispiel für die Höhe des He-Gehaltes in Rn-haltigem Quellwasser sei die Radonquelle in Bad Brambach genannt: Bei einer Schüttung von $4{,}8\ m^3 \cdot d^{-1}$ und $850\ nCi \cdot l^{-1}$ werden täglich 4,08 mCi Radon und $0{,}43 \cdots 0{,}46 \cdot 10^{-4}$ Vol.-% Helium (bezogen auf den Gesamtgasgehalt — also einschließlich CO_2) freigesetzt.

Der α-Teilchenstrom ist homogen, d. h., die Korpuskeln des Strahlers haben bei Einheitlichkeit des bestrahlten Materiales die gleiche Reichweite. Die Korpuskeln haben eine große Masse und eine kleine und stark materialspezifische Eindringtiefe. Homogenität und die Lage des Maximums der Ionisation am Wegende bedingen eine hohe Punktwirkung im Bereich der endgültigen Bremsung.

Insgesamt sind etwa 200 α-Strahler bekannt. Die folgenden Angaben beziehen sich, wenn nichts anderes erwähnt wird, auf ^{222}Rn.

Die Reichweite der α-Strahlen in Luft (bei einer Temperatur von 15 °C und einem Druck von 760 Torr[2] beträgt 4,075 cm, im organischen Gewebe erreicht sie etwa das Ausmaß einer Zelle. Für ^{222}Rn und seine Folgeprodukte werden für Gewebe folgende Werte als gültig angenommen (Tabelle 3):

Tabelle 3

Nuklid	Reichweite der α-Strahlung in Gewebe (in μm)
^{222}Rn	41,1
^{218}Po (RaA)	47,1
^{214}Po (RaC′)	70,4
^{210}Po (RaF)	38,9

Der Grad der Ionisierung der Luft bei 1 cm Weglänge beträgt bei ^{222}Rn 20000 bis 40000 Ionenpaare.

Die β-Strahlung entspricht der Emission eines Elektrons und eines elektrisch neutralen Teilchens (Neutrino) aus dem Kern. Der Teilchenstrom ist inhomogen. Die individuelle Reichweite ist bei gleicher Substanz unterschiedlich, aber infolge der kleineren Masse der Korpuskeln größer als bei der α-Strahlung. Die auf die gleiche Wegstrecke bezogene Energieabgabe ist wesentlich geringer als bei der α-Strahlung. Das Verhältnis ist, den Wert für die γ-Strahlung gleich 1 gesetzt, etwa 10000 : 100. Auf die den beiden Strahlen zukommende Reichweite bezogen, ist die Energieabgabe aber etwa die gleiche, d. h. 1 Ionenpaar je 30 eV.

Die biologische Wirksamkeit der beiden Strahlungen ist aufgrund der erwähnten Charakteristika unterschiedlich. Weiter wird die Energie der α-Strahlung mehr punktförmig konzentriert abgegeben, die der β-Strahlung diffus verteilt. Der α-Strahler ^{222}Rn ist ein Gas von kleiner T_{phys}, die β-strahlenden Tochternuklide des Radons sind feste Körper mit großer T_{phys}.

Die *γ-Strahlung* geht auf angeregte Kernzustände, die bei der Kernumwandlung entstehen, zurück. Sie spielt für das globale Strahlenklima eine geringe Rolle, kann aber lokal für den Organismus von erheblicher Bedeutung sein. Sie soll hier außer Betracht bleiben.

[2] D. h. beim physikalischen Normdruck. Dieser beträgt in der SI-Einheit 1013,25 hPa (Hekto-Pascal). — Beziehung zu SI-fremden Einheiten: 1 atm (physikalische Atmosphäre) = 760 Torr (früher „mm Hg“) = 1013,25 mbar (Millibar); 1 Torr = (101325/760) Pa. Im amtlichen Verkehr sind Torr und atm seit 1. 1. 1980 nicht mehr zugelassen.

3.2. Das Element Radon

Das Element Radon (C. SCHMIDT 1918), ältere Bezeichnungen sind Emanation (F. DORN 1900) — Symbol Em — und Niton (R. WHYTHAU-GRAY and H. RAMSAY 1910) — Symbol Nt — ist ein Edelgas. Es sind zur Zeit Isotope mit Massenzahlen von 201 bis 226 bekannt, die im globalen Auftreten im säkularen Gleichgewicht mit ^{226}Ra, ^{224}Ra, ^{223}Ra stehen, die ihrerseits aus deren Muttersubstanz ^{238}U, ^{232}Th bzw. ^{235}U nachgebildet wurden. Die Häufigkeit des Radons in der $\sim$ 17 km mächtigen Erdkruste wird auf $6{,}2 \cdot 10^{-16}\%$ geschätzt. Das Isotop ^{222}Rn, das allein für die Umweltprobleme in Betracht kommt, ist ein starker α-Strahler. Seine T_{phys} beträgt 3,825 d, seine T_{biol} ist organspezifisch und beträgt etwa 15—20 min. Eine Vorstufe und ein Folgeprodukt des Radons spielen als Umweltfaktoren eine erhebliche Rolle. Die Vorstufe ^{226}Ra, das herkömmliche Radium, ist ein sehr intensiver α- und γ-Strahler mit einer Halbwertszeit von 1590 a. Das Folgeprodukt RaD ($= {}^{210}Pb$) ist ein β- und γ-Strahler mit einer Halbwertszeit von 22,3 a. Vorstufe und Folgeprodukt sind feste Körper, denen, im Gegensatz zum Edelgas Radon, eine chemische Aktivität nicht abgesprochen werden kann. Ihre Verweilzeit im Organismus ist unbekannt. Es muß damit gerechnet werden, daß sie von Organ zu Organ verschieden ist und daß eine organspezifische Speicherung stattfindet.

Radon ist für uns geruch- und geschmacklos. Es hat eine Dichte von $9{,}96\,g \cdot l^{-1}$, ist also $\sim$ 7mal so schwer wie Luft und $\sim$ 5mal so schwer wie CO_2. Es ist schlecht wasser- und gut fettlöslich. 1 Liter Wasser löst bei 20 °C und 760 Torr[3]) 200 cm^3 Radon. Es ist chemisch sehr träge bis nicht aktiv. In der letzten Zeit hergestellte Fluorverbindungen sind für die gestellte Problematik bedeutungslos. (Nähere Angaben siehe bei F. WEIGEL 1978).

Als umweltwirksame Faktoren kommen die hohe Dichte, der bei normalen Druck- und Temperaturbedingungen vorliegende gasförmige Zustand sowie die Radioaktivität des Elementes in Betracht. Der gasförmige Zustand spielt dabei eine erhebliche Rolle beim Transport der festen Vorstufen bzw. Folgeprodukte des Radons und bei der raschen Verbreitung des Aerosols in der atmosphärischen Luft.

Die große Dichte bewirkt, daß sich Radon in Senken des Geländes anreichert. In Gebieten starken Radonaustrittes kann dies bei entsprechender Wetterlage zur Smog-Bildung führen, aber auch ohne diese abnorme Entwicklung ist die Atmosphäre in solchen Gebieten mit Radon angereichert. Für Badgastein, dessen Quellen pro Jahr 73 Curie Rn liefern, liegen umfangreiche Messungen über den Rn-Gehalt der Luft vor. Die Freiluft hat eine

[3] Siehe Fußnote auf S. 15.

Aktivität von durchschnittlich 2,6 pCi/l, der Heilstollen 3000 pCi/l. Bei Smog-Situation liegen die Werte 100–500 mal höher. Die erfahrenen Badeärzte von Oberschlema, Badgastein und an anderen Orten kennen diese Situation sehr genau und setzen sie therapeutisch gezielt ein.

Überraschend, aber eigentlich selbstverständlich, stellt man diesen Effekt auch in Wohngebäuden, vor allem in Hochhäusern fest. Hier sind die Kellerräume wesentlich reicher an Radon als die oberen Etagen. Eine aus Gründen der Energie-Einsparung verhinderte Luftzirkulation kann diesen Effekt um das 10- bis 20fache erhöhen. Das Radon in den Wohngebäuden hat seinen Ursprung im Baumaterial. Jeder anorganische Baustoff enthält die Minerale Zirkon, Apatit, Rutil, Titanit, Monazit u. ä. in mehr oder weniger angereicherter Form. Alle diese Minerale enthalten Spuren von Uranium (und Thorium), die nicht nur selbst strahlen, d. h. gemeinsam mit der Freiluft-Aktivität den Grundwert des Strahlenklimas bestimmen, sondern auch das Mutternuklid des Radons (bzw. Thorons) darstellen. Die festen Zerfallsprodukte verstärken dann ihrerseits die Gesamtaktivität. Besonders gravierend macht sich der Gebäude-Effekt geltend, wenn Kohlenasche als zusätzlicher Baustoff verwendet wird. Eine nicht zu unterschätzende Radonquelle stellt in Wohnungen das Bade- und Waschwasser dar. Die Rn-Konzentration kann in den Wohnräumen auf das 10- bis 20fache des Freiluftwertes gesteigert werden (K. Aurand et al. 1979).

Komplizierter als bei der Auswirkung des Dichte-Unterschiedes Luft/Radon liegen die Verhältnisse bei der Betrachtung des gasförmigen Radionuklides Radon als Transportmittel zwischen dessen Ursprungsort und der Stelle seiner therapeutisch gesteuerten oder zufälligen Applikation. Während die Wirkung des α-strahlenden Radons infolge der kurzen Halbwertszeit und noch geringerer Verweilzeit im Körper bei kurzzeitiger Applikation nur gering ist, muß die Strahleneinwirkung der mitgeschleppten festen Folgeprodukte, besonders des β-strahlenden RaD (^{210}Pb), aber auch der Vorstufe Radium, sehr hoch eingeschätzt werden. (Nicht zufällig war und ist die Bezeichnung für Badeorte mit radonhaltigem Wasser „Radiumbad".)

Der zuletzt erwähnte Umstand schiebt sich neuerer Zeit immer mehr in den Vordergrund der Betrachtung.

Das Eindringen des Radons bzw. der feststoffbeladenen „Emanation" in den Körpern der Säugetiere ist je nach der gewollten medizinischen bzw. der im menschlichen oder tierischen Normalverhalten ungewollten Inkorporation unterschiedlich. Beim Baden erfolgt die Aufnahme grobflächig unter weitgehender Zurückhaltung der festen Teilchen, wobei allerdings deren Haftung auf der Oberfläche der Haut nicht nur nicht auszuschließen ist, sondern als sicher angenommen werden kann; beim Trinken erfolgt die Aufnahme über den Magen-Darm-Trakt, wobei die Zurückhaltung der festen

Partikeln der Radon-Vorstufen und -Folgeprodukte eine erhebliche Rolle spielt; bei der Inhalation geschieht die Aufnahme über die hochempfindlichen Epithelien der Atemwege. Geschwindigkeit und Art der Verteilung der aufgenommenen „Emanation" sind organspezifisch.

Für andere Wirbeltiergruppen sind im Rahmen der Experimente auf dem Bikini-Atoll Untersuchungen angestellt worden. Sie lassen erkennen, daß hier die Vorgänge wesentlich anders verlaufen.

Für Pflanzen, vor allem marine Algen, stellte G. KOCZY (1950) aufgenommenes Uranium als essentiellen Nahrungsbestandteil fest. 1955 bestätigten A. W. BATEMAN und S. LEXOV die Speicherung von Uranium in Algen. Von Bakterien ist bekannt, daß sie bei einem Uranium-Gehalt von 10% im Faulschlamm ohne Schaden gedeihen.

Diese Vielfalt der möglichen biologischen Milieubedingungen sowie der möglichen Eintrittsstellen und Verteilungsvorgänge im Körper der Tiere und Pflanzen lassen allgemeingültige Angaben über Schwellenwerte, biologische Halbwertszeiten u. a. als wenig real erscheinen. Dazu kommt in zunehmendem Maße die Erkenntnis, daß eine Feststellung wie „Eine Zelle wird durch die Strahlung getroffen" wenig aussagekräftig ist. Es erscheint als notwendig, das System „Zelle" als komplexe phänomenologische Einheit in ihre Subsysteme, d. h. Organellen, aufzulösen und deren Reaktion auf Strahlung zu analysieren. In diesen Dimensionen entscheidet es sich, ob ein Treffer einen individuellen Schaden, wie Krebs, verursacht oder eine generativ-mutative Wirkung hat bzw. ein aus diesen beiden Einflußvarianten kombiniertes Erscheinungsbild erzeugt. Aus solchen Fragestellungen entwickelt sich die neue Teildisziplin der Mikrodosimetrie. Sie erfaßt die stochastische Seite der Zellveränderung durch Strahlung und schließt damit die Annahme eines Dosis-Schwellenwertes aus.

Neu kommt die Erkenntnis hinzu, daß bei der Vernichtung von Zellbestandteilen durch die Strahlung – der Weg der eindringenden Korpuskelstrahlen ist ein Kanal von 10 nm Durchmesser, also schmal gegenüber der Zellgröße (!) – mit der Möglichkeit der Bildung mutativ wirkender chemischer Toxine gerechnet werden muß. Daß durch die Einwirkung der Strahlung auf Zellflüssigkeit freie Radikale entstehen, ist schon länger bekannt und wird als Ursache einer Zellschädigung außerhalb des direkten Strahlenweges angesehen.

Solange nicht die angeführten Grundlagenerkenntnisse vorliegen, ist es nötig, das phänomenologische Großbild des Radoneinflusses auf die Umwelt als Grundlage der Betrachtung zu verwenden. Selbstverständlich besteht dabei die Gefahr, genetisch Verschiedenes, aber phänomenologisch Gleiches interpretativ zusammenzufassen. So ist es ohne Zweifel richtig, daß ionisierende Strahlung Krebs auslösen kann, aber es gibt auch andere Noxen, die das gleiche Phänomen hervorrufen. Statistisch werden sie als ein Phänomen zusammengefaßt, und das sich ergebende Bild verliert für eine Kausalanalyse seine Aussagekraft.

3.3. Die Beziehungen zwischen der Strahlung des ^{222}Rn *und biologischen Objekten*

Wenn in den folgenden Ausführungen der negative Effekt der Strahlung an an den Anfang der Betrachtung gestellt wird, so soll damit keine Wertung ausgedrückt, sondern lediglich dem historischen Erkenntnisweg gefolgt werden.

Die nach der Jahrhundertwende und vor allem nach dem zweiten Weltkrieg in starkem Maße wieder in Erscheinung tretende „Bergsucht" des Mittelalters erbrachte ein reiches Material zum Studium dieser, Anfang dieses Jahrhunderts als Krebs erkannten Krankheit. So starben in Schneeberg von 1879 bis 1915 140 Bergleute und zwischen 1920 und 1923 71% der Untertagebelegschaft an Lungenkrebs. Der jüngste Bergmann war 37 Jahre alt, der älteste schon 22 Jahre vor seinem Tode aus der Untertagearbeit ausgeschieden. Die statistische Erfassung und epidemiologische Auswertung des anfallenden Materials nach 1945 wurde anfangs stark verschleiert durch die Diagnose „Silikose". Dies war verständlich durch den Einsatz von aus dem Kohlebergbau ausgesiedelten Bergleuten in die radongefährdeten Reviere. Diese Schwierigkeit ist aber mit der Entwicklung besserer diagnostischer Methoden weitgehend beseitigt. Als Hauptursache der Erkrankung bestätigte sich die frühere Feststellung, daß die Folgeprodukte und Vorstufen des Radons, die als Festpartikeln eingeatmet bzw. beim Zerfall des gasförmigen Radons entstanden waren, vornehmlich im Epithelgewebe der segmentalen und subsegmentalen Bronchien gespeichert und dort wirksam wurden.

Für das Colorado-Gebiet, die ČSSR, Kanada usw. liegen langjährige Meßreihen maßgebender Milieuparameter vor. Für die Grubenluft in den Uraniumbergwerken des Colorado-Gebietes liegt der Rn-Wert im Mittel zwischen 600 und 1500 pCi/l, wobei die Maximalwerte 10mal höher liegen können (Miller, S. F., Holoday, A. A., Doyle, H. N., 1955). In bayrischen Flußspatgruben wurden pCi/l als Mittelwert gemessen. Als maximal zulässige Konzentration am Arbeitsplatz gilt rd. 0,25% dieses Wertes. Die Folgen dieser Überschreitungen zeigen die Abbildungen 1 und 2, den Vergleichsfall zum Normalgeschehen Abb. 3. Allen 4 Diagrammen liegen Realverhältnisse zugrunde, d. h., das inhalierte Agens ist Grubenluft, die als Aerosol neben ^{222}Rn auch Vorstufen und Folgeprodukte des Radons und zusätzlich die noch später zu besprechenden Verunreinigungen, wie Gesteinsstaub, Schießgas, Tabakrauch u. ä., enthält. Abgesehen von den letztgenannten chemischen Noxen wird neben der α- auch die β-Strahlung wirksam. Die aus Abb. 1 erkennbare Latenzzeit für die maximale klinische Wirksamkeit von 22 Jahren kann dabei auf einen starken Einfluß der β-Aktivität des RaD (= Radiumblei) hindeuten, das als Festkörper mit einer Halbwertszeit von 22,0 a im Organismus entweder festgehalten wird oder eine lange Verweilzeit besitzt.

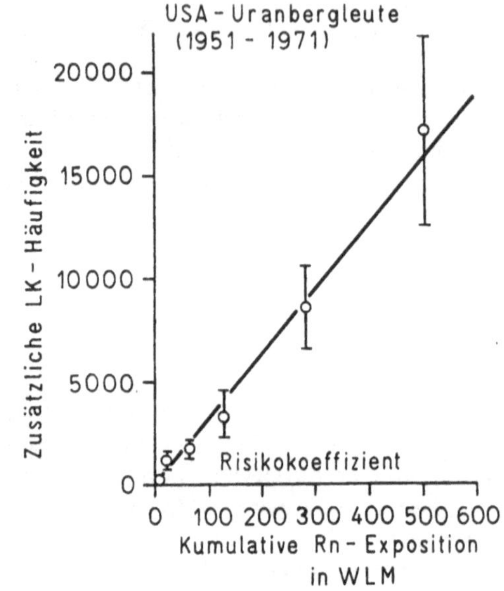

Abb. 1. Zeitliche Verteilung der Lungenkrebs (LK)-Inzidenzrate bei Uraniumbergleuten in den USA und in der ČSSR (nach W. JACOBI 1979)

Die aus Erfahrungen des Bergbaues abgeleiteten Ergebnisse können nicht ohne weiteres auf eine Radon-Therapie bzw. die natürliche Exposition der Bevölkerung übertragen werden. Drei Beispiele seien hierzu angeführt: Es ist eine alte Erfahrung des Bergbaues, daß die Anwesenheit von Sulfiden und vor allem von Arseniden das Krebsrisiko sehr stark erhöht. Das gleiche trifft für die Anwesenheit von Schießgasen aus Nitro-Sprengstoffen und das Rauchen[4] zu. Alle genannten Stoffe sind bereits an und für sich krebserregend,

[4] Der zellschädigende Einfluß des Rauchens wurde in den letzten Jahren durch den Nachweis einer erheblichen Anreicherung der starken α- und β-Strahler Polonium 210 und Blei 210 in den Tabakblättern und dementsprechend in deren Asche gesichert. F. MARTELL (New Scientist 90 (1981) 621) wies darüber hinaus auf die Speicherung eines starken α-Strahlers in den Plaques arteriosklerotischer Gefäße hin und zieht daraus den vorsichtigen Schluß auf eine Erhöhung des Risikos eines Herzinfarktes bzw. eines vorzeitigen Alterns durch Rauchen. Das Beispiel zeigt den fraglichen Wert des viel verwendeten Begriffs „biologische Halbwertszeit (T_{biol}) bzw. Verweilzeit.

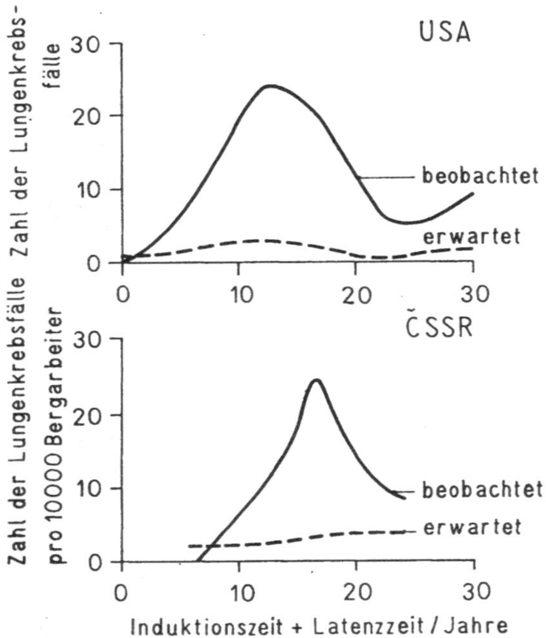

Abb. 2. Zusätzliche Lungenkrebs-Häufigkeit pro Jahr bei amerikanischen Uraniumbergleuten in Abhängigkeit vom Zeitintegral der potentiellen α-Strahlen-Energiekonzentration, ausgdrückt in WLM (nach W. Jacobi 1979)

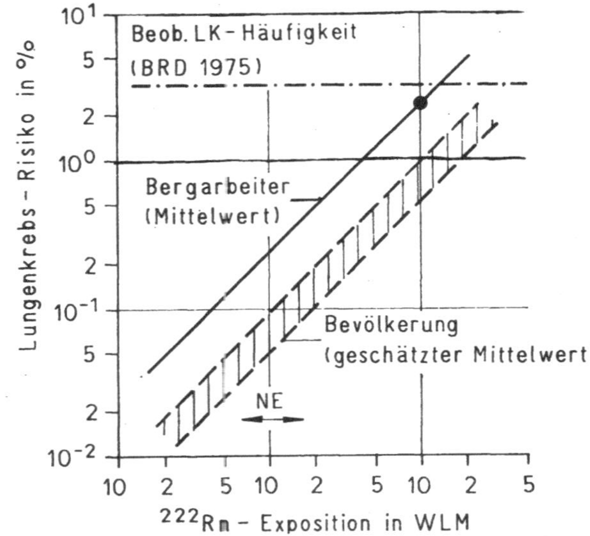

Abb. 3. Geschätztes Lungenkrebs-Risiko in Abhängigkeit von der integrierten α-Strahlendosis bei der Gesamtbevölkerung und bei Uraniumbergarbeitern; zum Vergleich „beobachtete" Lungenkrebshäufigkeit (Integral über verschiedene Noxen) und Bereich der natürlichen Rn-Exposition (NE) (nach W. Jacobi 1979)

doch scheint die Gesamtwirkung nicht einfach additiv, sondern potentiell zu sein. Von erheblichem Einfluß ist auch das erhöhte Atemvolumen bei der schweren bergbaulichen Arbeit. Das Verhältnis des tatsächlichen zum mittleren Atemvolumen steigt von 0,52 auf 4,3, also etwa auf das Zehnfache. Das Restvolumen erfährt dabei eine entsprechende Erhöhung, wodurch die Wirkung des festen β-Strahlers RaD beträchtlich erhöht wird.

Für die Radonexposition der Bevölkerung, für die die obengenannten Risikofaktoren weitestgehend wegfallen, ist unter Berücksichtigung des erhöhten Radongehaltes in Gebäuden ein Lungenkrebs-Risikokoeffizient von $1 \cdot 10^{-4}$ WLM[5] ermittelt worden (W. JACOBI 1979), das entspricht 0,25% vom Mittelwert dieses Koeffizienten bei Rn-exponierten Bergleuten.

Exzeptionelle Verhältnisse liegen bei Radonheilkuren vor. Hier geben P. RÜHLING und P. FISCHER (1977) für den Raum von Badgastein ein umfangreiches Material bekannt. Die Exposition bei einer Radonkur, die mit einer Aktivität von 3 bis 4 pCi/m³ und einem Aktivitätsverhältnis von α-Rn : α-RaA : α-RaB : α-RaC = 1 : 0,9 : 0,7 : 0,6 (Angaben über die β-Werte sind nicht bekannt) im Badgasteiner Heilstollen durchgeführt wird, entspricht etwa der natürlichen Rn-Exposition in 5 Jahren.

Bei Betrachtungen über die Wirkung ionisierender Strahlen auf lebende Objekte wird häufig von der vereinfachten Vorstellung ausgegangen, daß es sich um eine Energiezufuhr in ein Objekt handelt, das dadurch zerstört wird. Dies trifft für den Schußkanal des Elementarteilchens zweifellos zu. Diese, nur wenige Nanometer breite, gegenüber den Ausmaßen der Zelle also schmale, Zone liegt aber in einem hochkomplexen lebenden System, das auf diesen Eingriff, eben weil es „lebend" ist, antwortet. Die ausgelöste Reaktion, die „Krankheit" kann ihrerseits einen irreversiblen Prozeß auslösen, d. h. zum Tode des Organismus führen, oder aber eine Reaktionsfolge in einem energetisch und stofflich offenen System einleiten, die reversibel den Ausgangszustand wiederherstellt, d. h. zur „Heilung" führt, wenn der energieliefernde Prozeß dazu imstande ist, d. h. so „gesund" ist, daß er die zur Heilung notwendige zusätzliche Energie liefern kann. Dieser Schlußfolgerung ist inhärent, daß die Wirkung kleiner Dosen von der großer grundsätzlich unterschieden werden muß. Die Notwendigkeit des Vorhandenseins eines Repair-Mechanismus drückte schon PARACELSUS vor nahezu 500 Jahren mit der lapidaren Feststellung aus, daß die Lebewelt schon lange ausgestorben wäre

[5] WLM ist ein Maß für die Exposition. 1 WLM liegt vor, wenn während 168 Stunden Luft mit einer Konzentration von 1 WL eingeatmet wird. WL ist ein Maß für die Konzentration der Luft an Zerfallsprodukten am Arbeitsplatz. 1 WL entspricht einer Menge an RaA, RaB, RaC-RaC′ in einem Liter Luft, bei deren Zerfall (bis RaD) insgesamt $1{,}3 \cdot 10^5$ MeV Alpha-Energie freigesetzt wird.

bzw. überhaupt nicht zur Existenz gekommen wäre, wenn es ihn nicht gäbe.

Die Antwort-Reaktion wurde für verschiedene biologische Systeme bei Radonbelastung untersucht und modellmäßig erfaßt (R. GÜNTHER, D. EGG, M. HEROLD 1979), (B. PALETTA 1979), (W. PFALLER 1979), (H. TUSCHL, H. ALTMANN 1979).

Die erzielten Ergebnisse zeigen eindeutig, daß eine Radonkur nicht einfach eine (Warm-) Wasserbehandlung plus badspezifischer Milieuveränderung darstellt, sondern daß die α-Strahlung des Radons für die erzielten Veränderungen des Organismus verantwortlich zu machen ist. Untersuchungen von F. STEINHÄUSLER (1979) an Chlorella, die mit α-Strahlen einer Americium-241-Quelle bestrahlt wurden, zeigen die Unabhängigkeit der Wirkung vom Edelgas Radon.

Wie paradox und doch verständlich solche Regulationsmechanismen bzw. Repair-Funktionen an zweifellos erzielten Strahlenschäden erscheinen können, zeigen Untersuchungsergebnisse, die in Badgastein von J. POHL-RÜLING, P. FISCHER, E. POHL (1978) erzielt wurden: Bei 122 Versuchspersonen, die langzeitig einer erhöhten Dosis durch Inhalation von ^{222}Rn ausgesetzt waren, erwies sich erwartungsgemäß die Zahl der Chromosomenaberrationen als altersabhängig, für einen Teil auch als linear dosisabhängig. Bei einer zusätzlichen kurzzeitig applizierten α-Bestrahlung war die Bruchrate jedoch herabgesetzt. Man nimmt eine Stimulierung des Repair-Vorganges durch die zusätzliche α-Strahlung als Ursache dieser Erscheinung an.

Die Tatsache, daß eine Ausheilung von Strahlenschäden beobachtet wird — der Mechanismus dieses Geschehens bleibe hier unberührt —, steht im Gegensatz zu der oft vertretenen Ansicht, daß der überwiegende Teil der durch Strahlung verursachten Chromosomenaberrationen letalen Charakter besäßen. Diese Auffassungen gehen oft von Vorstellungen aus, die gezielt auf das zellulare Geschehen und weniger auf Erscheinungen des Organismus bzw. der Art ausgerichtet sind. Eine letale Wirkung an dem oder jenem Einzelindividuum oder einer Zelle ist zweifellos gegeben und kommt in der Erscheinung der „Bergsucht" klar zum Ausdruck. Um aber der Latelität globale Wirkung zuzusprechen, ist neben einer globalen Verbreitung des Phänotypus auch eine ubiquitäre Anwesenheit des einwirkenden Faktors notwendig. Beide Prämissen sind erfüllt, wenn man den Begriff des Strahlenklimas als den der Summe aller ionisierenden Strahlen einführt. Diese Erweiterung bedeutet keine qualitative Veränderung des auf Radon bezogenen Begriffes, sondern, da die Wirkung nur von der α-Strahlung ausgeht und nicht vom Element Radon, nur dessen quantitative Steigerung.

Aber trotz der Existenz dieses Strahlenklimas, das z. T. letale Veränderungen der Zelle bewirkt und die Entwicklung eines Reparaturmechanismus erforderlich macht, nimmt die Zahl der weltbewohnenden Organismen sowie deren Mannigfaltigkeit seit 3,5 Milliarden Jahren nicht ab, sondern ständig zu. Es muß also einen ubiquitär wirkenden Mechanismus geben, der diese Vielfalt bewirkt. Es liegt nicht fern, diesen in der mutativen Wirkung der gleichen Strahlung zu sehen, die auch die Ursache der negativen Seite darstellt. Daß neben der Strahlenwirkung auch andere Agenzien mutativ wirksam sind, ist eine bekannte Tatsache. Die mutative Wirkung ionisierender Strahlen ist seit deren Entdeckung bekannt und wird seither zielbewußt in der Pflanzen- und Tierzucht eingesetzt. In den letzten Jahren ist es den Japanern gelungen, durch strahlungsinduzierte Mutanten des Seidenspinnerns die Seidenproduktion um 30% zu steigern. Abgesehen von der Frage, ob neue Mutanten für die Art selbst positiv oder negativ zu werten sind, bleibt gültig, daß das zellulare Geschehen der Mutation dem selektiv wirkenden Wechsel der Umwelt ein reicheres Material zur Verfügung stellt. Der Gesamtvorgang Mutation — Selektion ist der Motor der Evolution im Sinne einer Schaffung neuer Formen und deren durch Auswahl erzwungener Anpassung an eine sich wandelnde Umwelt. In diesem Sinne schafft die Evolution Neues. Der auf die gleiche Strahlung zurückgehende Reparaturmechanismus erhält dagegen nur Altes. Der gleichen Ursache entsprechen qualitativ vollkommen getrennte Wirkungen.

In neuerer Zeit neigt man dazu, in den Mutationsraten einen biologisch determinierten Teil des Evolutionsprozesses zu sehen, wobei man die molekulare Evolutionsrate als konstant ansieht. Grund für diese Auffassung ist die Tatsache, daß die Mehrzahl der Mutationsschritte selektiv neutral sind. Dieser Einwand schwächt sich ab, wenn man die Zeitdauer der Evolution in Rechnung stellt. Unerklärlich bleibt bei dieser Auffassung die Erscheinung, daß viele faunistische Tiefseeformen mehr als 1 Milliarde Jahre fast völlig unverändert geblieben sind bzw. Flachseeformen, die in biologische Lücken tiefer mariner Regionen eingewandert sind, von diesem Zeitpunkt an keine Entwicklung mehr erkennen lassen. Die Zentren der Evolution liegen im Schelfbereich. Nimmt man die Strahlung als Ursache der Entwicklung an, so wird das sich darbietende Bild verständlich. Die basische Gesteinsunterlage des Tiefseebodens ist praktisch frei von radioaktiven Nukliden, das gleiche trifft auch für das Tiefseewasser zu. Die Aktivität des Meerwassers liegt um 3 Zehnerpotenzen niedriger als für Süßwasser. Höhere bis sehr hohe Aktivitäten zeigen dagegen marine Sedimente im Schelfbereich, also im Zentrum des evolutionären Geschehens. Die Materiallieferung erfolgt hier von den Kontinenten, auf denen die Hauptmenge der Radionuklide konzentriert sind. Setzt man die Aktivität im Meer*wasser* gleich 1, so ist sie im Schelf*sediment* gleich 100; im Flußwasser, als dem Stofflieferanten der Schelfe, (einschließlich seiner Schwebstoffe) ist das Verhältnis $1:10^4$. Eine Vorstellung von den Mengen des in die Schelfregion transportierten strahlenden Materials gibt die

Zahl von 125 kg Uranium, die den Moldauquerschnitt bei Modčany, unweit Prags, täglich durchfließen (J. BENEŠ 1981). Das Uranium liegt z. T. in gelöster Form, z. T. in organischer Bindung, z. T. adsorptiv an organische Substanz gebunden vor. Da planktonische Algen Uranium direkt speichern können, geht das radioaktive Element auch unmittelbar in die Nahrungskette der Schelfbewohner ein.

4. Herkunft und Verbreitung des Radons

Bei der Erwähnung des erhöhten Strahlungsspiegels bzw. Radongehaltes in Gebäuden wurden uraniumführende Schwerminerale im Baumaterial als Ursache angeführt. Der Radongehalt der Atmosphäre geht auf die gleiche Ursache zurück. 1 km^3 Granit, als das größte geochemische Reservoir des Radionuklides, enthält etwa 6 t Uranium, d. h. 6 t Muttersubstanz des Radons, das mit diesem in säkularem Gleichgewicht steht, wodurch die Nachlieferung des Gases für die Zeitspanne des bisherigen Erdalters gesichert ist. Der Erdkörper unterliegt also einer permanenten Radonentgasung. Der Radongehalt der $\sim$ 17 km mächtigen Erdkruste wird auf $6{,}2 \cdot 10^{-16}$ %, der der Atmosphäre auf $6{,}10 \cdot 10^{-18}$ Vol.-% geschätzt. Die örtlichen Werte können um mehr als das 1000fache höher liegen. Dies betrifft vor allem Stellen primärer oder sekundärer Konzentration des Mutternuklides Uranium. Als primär wurde bereits Granit erwähnt. In dieser saueren Gesteinsfraktion ist das Uraniumoxid entweder fein verteilt oder konzentriert sich beim Aufreißen von Klüften in dem sich dadurch bildenden Unterdruckraum als Erzgang. Granitgebiete sind damit generell solche einer erhöhten diffusen Radonführung, denen im Falle einer Lagerstättenbildung Maxima aufgesetzt sind. Sekundäre Radonmaxima sind an geochemische Barrieren gebunden, die entweder das Mutternuklid speichern, wie kohlig-bituminöse Substanzen, oder Stoffe mit großer Oberfläche, wie Mangan-Eisenhydroxide usw. oder Wässer, in denen das Radon direkt, fast stets in Form der komplexen „Emanation" gelöst ist. Im allgemeinen sind die sich durch diese Konzentrationen bildenden Radonmaxima örtlich nicht allzu ausgedehnt und auf die Dauer von einigen Jahren gesundheitlich kaum wirksam. Wenig bedenklich sind auch die Monazitseifen an der Küste Brasiliens, bei Travancore (Indien), im Ural, in Dakota und an anderen Orten, obwohl hier Tausende Tonnen radioaktives Material, Monazit, oberflächlich abgelagert sind. Der Gehalt an Radionukliden beträgt rd. 10 % Thorium- und Mesothoriumoxid. Beide Radionuklide sind Glieder der Thorium-Umwandlungsreihe. Das gasförmige, dem Radon entsprechende Thoron ist zwar ebenfalls ein starker α-Strahler, hat aber nur eine Halbwertszeit von 54,5 Sekunden, so daß es biologisch kaum wirksam werden kann. Das gleiche gilt für seine festen Folgeprodukte. Bedenklich sind nur die festen Vorstufen des Thorons, wenn sie in gelöster Form, z. B. durch das Trinkwasser, in den Organismus gelangen. Ihre Halbwertszeiten liegen zwischen $1{,}4 \cdot 10^{10}$ Jahren (Thorium) und 6,13 Stunden (Mesothorium 2). Den uraniumführenden Halden des südafrikanischen Goldbergbaus und kleinen Bergwerkshalden an anderen Stellen ist ebenso wie radonführenden Quellen auf längere Zeit eine Umweltgefährdung nicht abzusprechen. Nicht unerwähnt soll der Fall im Gebiet des Amazonas bleiben, wo eine Düngung mit uraniumhaltigen Phosphaten eine deutliche Erhöhung des Uranium- bzw. Radongehaltes des Vorfluters mit sich gebracht hat. Die Aktivitäten erreichen hier Werte von 30 bis 40 nCi/l (Naturwiss. Rdsch. **26** (1973) H. 8). Über Großstädten rechnet man mit einer gegenüber dem Umfeld erhöhten Rn-Aktivität von 2 bis $80 \cdot 10^{-14}$ Ci/l, über den Weltmeeren mit 0,3 bis $2{,}6 \cdot 10^{-15}$ Ci/l (F. Weigel 1978). Eine kartenmäßige Erfassung regionaler Radongehalte liegt bisher nicht vor. Die Karten über die terrestrische Strahlenexposition, wie sie z. B. von der BRD vorgelegt wurden (K. Aurand et al. 1979), enthalten zwar den Radonfaktor, aber weder ihn allein noch in genetisch bzw. zeitlich einheitlicher Sicht. Grundsätzlich ist auf diesen Karten jedoch, trotz der Tatsache, daß das Radon eine Komponente der Troposphäre darstellt, der Einfluß des geologischen Untergrundes sowie jener der Habitat- und Industrieballungen usw. erkennbar. Die am Arbeitsplatz zulässigen Konzentrationen liegen im allgemeinen über dieser terrestrischen Belastung.

Als Teil der Atmosphäre macht das Radon das gesamte Wettergeschehen als Gas bzw. Aerosol mit. Langzeitige Bewegungen von Luftmassen sind durch Messung ihres Radongehaltes infolge der kleinen Halbwertszeit nicht zu erfassen; dagegen lassen sich örtlich begrenzte, kurzzeitige gut aus solchen Daten ablesen. Für den Nordalpenraum liegen z. B. kontinuierliche Messungen über 20 Jahre vor (R. Reiter, 1955, 1956). Aus diesen Daten wird erkennbar, daß sich bei günstigen Windverhältnissen eine Radonfahne aus den Zentralalpen bis zur Zugspitze entwickelt, wobei die U- bzw. Th-Gehalte im alpinen Zentralgneis nur bei $8 \cdot 10^{-6}$ g bzw. $11 \cdot 10^{-6}$ g liegen.

5. Der geochemische Weg des Radons

Die Bildung des Radons innerhalb der Erdkruste und sein Erscheinen an der Erdoberfläche bzw. in der Atmosphäre lassen die Frage nach dem Wege seines Aufstieges berechtigt erscheinen. Die Natur des Radons als Radionuklid verbietet die übliche Formulierung „Kreislauf". Radon entsteht über Vorstufen aus seinem Mutternuklid Uranium und geht in seine Folgeprodukte über. Es war vorher nicht da und verschwindet nachher vollkommen. Eine weitere Besonderheit dieses nur in einer Richtung ablaufenden Weges ist seine Verknüpfung mit der Abgabe von Energie und der steten Anwesenheit aller Glieder der Uranium-Umwandlungsreihe. Die Energieabgabe beim Zerfall des Mutternuklides Uranium über Zwischenstufen äußert sich letzten Endes in der Produktion von Wärme. Nimmt man die Häufigkeit des Uraniums in der etwa 17 km mächtigen Erdkruste mit $3 \cdot 10^{-4}\%$, d. h. 3 g/t, an, so deckt die beim Zerfall erzeugte Wärme, einschließlich der des viel häufigeren, aber wesentlich energieärmeren Zerfalls des Radionuklides ^{40}K, 75% der von der Erde zur Zeit abgestrahlten. Die Entwicklung der Biosphäre wäre ohne diese zusätzliche Wärmequelle vollständig anders abgelaufen, als sie es ist. Wahrscheinlich wäre es nie zu einer Entwicklung höheren Lebens gekommen.

Eine dritte wichtige Eigenschaft des Radons, die seine Wirkung an der Oberfläche unseres Planeten erst ermöglicht, ist seine gasförmige Natur während seines Weges, d. h. die Existenz eines Entgasungsstromes. Ein homogener Strom wäre an der Oberfläche der Erde ohne Bedeutung. Erst eine örtliche Verstärkung führt zu einer erkennbaren Wirkung. Eine deutliche Verstärkung erfährt der irdische Entgasungsstrom an Stellen natürlicher oder künstlicher Gesteinsauflockerung bzw. an Stellen geochemisch bedingter Konzentration. Erstere liegt in seismisch aktiven Zonen vor. Hier wird die Verstärkung des Radonaustrittes in der vom Beben betroffenen Region, wahrscheinlich infolge der Bildung von Mikrorissen im Gestein, schon Tage vor dem eigentlichen Erdbeben bemerkbar. Der erhöhte Rn-Austritt wird als Prognosemittel bzw. Warnsignal ausgewertet. Überraschend groß war dieser Effekt beim Ausbruch des Vulkans St. Helene (USA) 1980. Hier waren in 400 km Entfernung noch 3 Millionen Curie Radongas nachweisbar. Im Vergleich dazu sei der Reaktorunfall Harrisburg erwähnt. Hier traten 2,5 Millionen Curie Xenongas aus, wobei die Gesundheitsbelastung bei Radon 1000mal höher ist als bei Xenon (Naturwissenschaften 68 (1981) H. 4).

Es mag offen bleiben, ob der Fall St. Helene unikal war oder ob entsprechende Messungen bei anderen Vulkankatastrophen bisher nicht gemacht wurden.

Der Fall einer künstlichen Gesteinsauflockerung trifft für alle bergbaulichen Tätigkeiten zu. Hier entspricht die Radonentgasung jener von Schlagwettern bzw. Kohlendioxid in Kohlengruben. Die Sicherungsmaßnahmen, hier Gesteinsstaubsperren durch Rn-adsorbierende Torfmullmauern, sowie die zusätzlichen Gefahrenmomente wie Druckabfall der Grubenluft durch Witterungseinflüsse bzw. bei Umstellung der Bewetterung, sind in beiden Fällen die gleichen. Schlechte Wetter explodieren oder ersticken allerdings sofort, die Radoneinwirkung dagegen wird erst nach 20 Jahren sichtbar.

Wo Radon auf seinem Aufstiegsweg mit Wasser in Berührung kommt, geht es in Lösung. Die Löslichkeit ist stark temperaturabhängig. Dies erklärt die in Quellgebieten häufig beobachtete Erscheinung, daß der Rn-Gehalt einander naheliegender Austritte unterschiedlich ist.

Das emanierte Wasser kann, an einen Grundwasserleiter gebunden, mehr oder weniger stagnieren, oder an Spalten in Form einer Quelle oberflächlich austreten.

Von 438 untersuchten Grundwasserproben (der USA) hatten 74% einen Rn-Gehalt von 2 nCi/l, 26% zeigten 2 bis 10 nCi/l, und 5% wiesen 10 nCi/l auf (K. AURAND et al. 1979). Zum Vergleich sei das Badgasteiner Wasser mit 10 nCi/l genannt. In der BRD liegen die gemessenen Werte in der gleichen Größenordnung.

Tabelle 4

Radonkonzentration von Wässern
(nach F. WEIGEL, ergänzt nach K. AURAND et al. (1979) und W. STOLZ)

Ort*	pCi/l	Eman	Mache-E.	Bq/l
Joachimsthal, Grubenwasser**)	738000	7380	2027,5	27306
Oberschlema**)	1280000	10920	3000	47360
Brambach***)	705600	7056	1938,5	26107
Ischia	1332000	1332	365,9	4928
Gastein, Grabenbäckerquelle	55800	558	153,3	2065
Gastein, Elisabethstollen	47880	478,8	131,5	1772
Baden-Baden, Büttquelle	28800–45000	288–450	79,1–123,6	1066–1665
Villnößtal, Tirol, Eisenquelle	36000	360	98,9	1332
Plombières, Kapuzinerquelle	33850	338,4	92,9	1252
Aix les Bains, Alaunquelle	20160	201,6	55,4	746
Dissentis-Muster (Schweiz)	17280	172,8	47,5	639
Troy, Tirol, Magenquelle	12960	129,60	35,6	480
Karlsbad, Mühlbrunnen	11520	115,2	31,6	426
Nauheim, Karlsbrunnen	9720	97,20	26,7	360
Griesbach, Schwarzw. Badquelle	9360	93,6	25,7	346
Gastein, Rudolfstollen	9000	90	24,7	333
Castellamare, Acidolquelle	8280	82,8	22,7	306
Kreuznach, Inselquelle	7200	72	19,8	266
Karlsbad, Schloßbrunnen	6120	61,2	16,8	226
Karlsbad, Sprudel	36	0,36	0,1	1,3

zum Vergleich: Leitungswasser (am Hahn) ~ 100 pCi/l

* Schreibweise des Ortsnamens lt. Prospekt o. ä. des Badeortes
** vor 1945
*** 1 l Wasser der Radonquelle enthält $4,589 \cdot 10^{-12}$ g ^{222}Rn
Umrechnungsfaktoren: 1 Ci/l = $3,7 \cdot 10^{10}$ Bq/l; 1 Eman = $1 \cdot 10^{10}$ Ci/l; 1 Mache-Einheit = 3,64 Eman

Bei Quellenaustritten spricht man von Heilwässern[6], Radonquellen oder Radiumquellen. Die letztgenannte Bezeichnung ist zutreffend, weil neben Radon auch Radium bzw. alle Glieder der Uranium-Umwandlungsreihe vertreten sind. Als untere Grenze wird im allgemeinen, je nach der Applikation als Bade- oder Trinkkur, 100 bzw. 10 nCi/kg angenommen. Bei den bekanntesten Heilbädern wird dieser Wert wesentlich überschritten (Tabelle 4). Es liegt der Schluß nahe, daß in diesen Fällen eine zusätzliche Konzentration des Rn-Gehaltes längs des Quellaufstieges vorliegt. Der Ort der Konzentration bzw. der Ort des Rn-liefernden Mutternuklides kann, im Hinblick auf die geringe Halbwertszeit des Radons von $\sim$ 4 Tagen, will man nicht sehr große Strömungsgeschwindigkeit in der Quellspalte annehmen, nicht sehr tief liegen.

Als Rn-liefernde Mutternuklide kommen Uraniumverbindungen in Betracht, die die Kluftwände der Quellspalte bedecken. Gesicherte Fälle sind die trockenen Radon-Austrittsstellen im Heilstollen von Badgastein und die Kluft der Hauptquelle von Oberschlema.

Als weitere Konzentratoren für Radionuklide erwiesen sich tonige, sulfidische, durch organisches Material verunreinigte Substanzen, und zwar besonders dann, wenn sie mit porösen Mangan- bzw. Eisenhydroxiden vermengt sind. An diesen Substanzen wird die leichtlösliche 6wertige Form des Uraniums in die fast unlösliche 4wertige überführt und so fixiert bzw. das Rn-Gas direkt adsorptiv festgehalten und damit in seiner Konzentration erhöht. Dieser adsorptive Vorgang ist bekannt. Er spielt sich in den Uraniumgruben an jedem faulenden Holz ab und führt z. B. in madagassischen Mooren zur Bildung von Uraniumlagerstätten mit 1 bis 2% U_3O_8 in der Trockenmasse.

Überraschender- aber selbstverständlicherweise tritt dieser Effekt auch in Wasserwerken auf. Das belüftete, d. h. weitestgehend entemanierte Rohwasser mit etwa 20 bis 25 pCi/l hat hinter dem Sandfilter den 4fachen Rn-Gehalt bzw. den Gehalt, den es vor der Belüftung hatte (K. Aurand et al. 1979).

Auf den gleichen Effekt gehen die hohen Rn-Gehalte der Badgasteiner Grabenbäckerquelle zurück. Hier stellt der Schlamm („Reissacherit" genannt) im Quellschacht den Hauptkonzentrator dar.

Nicht immer sind die Verhältnisse so klar erkennbar wie in dem wissenschaftlich eingehend bearbeiteten Badgastein.

In dem in einem anmoorigen Gelände liegenden Quellbezirk von Bad Brambach tritt als zusätzliche Quellkomponente CO_2 auf. Hier muß außer der Frage nach der Konzentrationsart und -stelle des Radons noch die nach der Rolle

[6] Pochetino und Thomson wiesen 1902 „Emanation" in therapeutisch genutzten Wässern erstmals nach. F. Hilhstedt identifizierte 1904 die Emanation als Radon (F. Weigel 1978).

des CO_2 in Betracht gezogen werden. Das CO_2 hat zwar mit dem Radon genetisch nichts zu tun, kann aber dessen Löslichkeit im Wasser beeinflussen und als Gaslift für das Rn-führende Wasser dienen und so das gesamte Quellregime druckempfindlich machen.

In so einem Falle ist es notwendig, bis zur Klärung der Situation 3 Schutzbezirke für das Quellgebiet festzulegen. Der erste hat hydrologischen Charakter und soll die hygienische Einwandfreiheit des Wassers sensu lato sichern; der zweite hat den Schutz des Radonkonzentrators zu gewährleisten und der dritte den CO_2-Druck im gesamten Bereich aufrechtzuerhalten. Unabhängig davon kann es notwendig werden, die Umwelt des Bades in Zonen entsprechender therapeutisch erwünschter Rn-Gehalte zu gliedern.

Wie stark eine Radonquelle die Umwelt belastet, zeigen diesbezügliche Untersuchungen in Badgastein: Bei einer Gesamtquellergiebigkeit von 5 Millionen Liter Wasser pro Tag werden bei einem mittleren Rn-Gehalt von 40 nCi/l pro Jahr 73 Ci freigesetzt. Der Rn-Gehalt der Freiluft im Ortskern (Zone I) beträgt 2,6 pCi/l bzw. 0,016 WL, in Zone II liegen die Werte bei 0,8 pCi/l bzw. 0,005 WL; in den Therapiestationen des Heilstollens bei 3000 pCi/l bzw. 22 WL (E. Pohl 1979).

Der Weg des Radons in den oberen Teilen der Erdkruste ist weitestgehend durch das unterirdische Wasser und damit durch jene Parameter bestimmt, die im vorhergehenden Abschnitt erwähnt wurden. Die wasserlöslichen Produkte der Emanation, d. h. aller Glieder der Uranium-Reihe, vor allem des Uraniums selbst, werden, wie bereits erwähnt, an geochemischen Barrieren fixiert. So sind alle Kohlen mehr oder weniger reich an festen Radionukliden und sind dementsprechend Bildungsorte von Radon. Das gleiche gilt für Tone und bituminöse Schiefer. Die Ausbisse solcher Gesteine sind fast immer durch Quellen markiert, die oft schon seit Jahrhunderten durch ihre heilende Wirkung bekannt sind und verehrt werden.

Das Radon entstammt dabei stets seinem Mutternuklid Uranium, das nur in seltenen Fällen eines gangförmigen Vorkommens „primär" ist, in der überwiegenden Zahl der Fälle aber einer sekundären Anreicherung seine Entstehung verdankt. Die Ubiquität des Urnuklids Uranium garantiert dabei die Permanenz des „Entgasungsstromes" des kurzlebigen Radons und damit die ständige Funktion des Umweltfaktors Radon.

Der Weg des Radons in der Atmosphäre ist durch die Umwandlungsreihe vorgezeichnet. Nach dem Abklingen der Radonaktivität bilden nun alle festen Radionuklide mit der Luftfeuchtigkeit ein Aerosol, in dem das RaD (^{210}Pb) mit einer Halbwertszeit von 22,0 Jahren den gefährlichsten Teil darstellt. Das Aerosol wird abgeregnet und die Folgeprodukte des Radons dem Boden zugeführt. Das weitere Geschehen wird weitestgehend von den Eigenschaften des Radons bestimmt. Für praktische Belange lassen sich nur wenige allgemeine Aussagen machen. Untersuchungen im Gebiet von Menzenschwand, einem Uranium-Untersuchungsgebiet in einem Schwarzwälder Granit, wurden Versuche mit ^{226}Ra, der unmittelbaren Muttersubstanz von ^{222}Rn, durchgeführt. Die ermittelten Werte lagen für die ersten 5 cm bei 2,8 pCi/l. Sie blieben bis 20 cm konstant. Tiefer lagen die Werte bis 10mal höher (C. KELLER 1980). Diese Tendenz der raschen Auswaschung der obersten Bodenschichten und die Anreicherung der Radionuklide in den tieferen Horizonten wurden auch an anderen Stellen beobachtet. Für die Agrarwirtschaft würde dies eine geringe Kontamination für eine flachwurzelnde Bepflanzung bzw. eine starke für Tiefwurzler darstellen. Von anderen Stellen werden allerdings die umgekehrten Ergebnisse angegeben. Hier spielt die Frage nach dem radioaktiven Gleichgewicht eine ausschlaggebende Rolle.

Für den Einzelfall sind wohl Lysimeter-Untersuchungen unerläßlich, da ohne Zweifel neben den pedologischen Verhältnissen des Substrates auch die selektive Aufnahme der Pflanzendecke selbst eine bedeutende Rolle spielt.

Zusammenfassung

Seit mehr als 3 Milliarden Jahren zerfällt Uranium, seit dieser Zeit strömt Radon aus dem Erdkörper und ist die Biosphäre seiner Strahlung und der seiner Folgeprodukte in ihren atmosphärischen, pedologischen und belebten Teilen ausgesetzt.

Die Strahlung des Radons stellt einen nicht unerheblichen Teil des allgemeinen jeweiligen Strahlenklimas dar, dem sich die Organismen angepaßt haben. Die Höhe des Strahlungsspiegels ist keine Konstante, sondern eine sehr langzeitige Variable. In dem gleichen obenerwähnten Zeitraum hat die Mannigfaltigkeit der Organismen sich erhöht und ihre Individuenzahl zugenommen.

Von der ionisierenden Strahlung, wie sie dem Radon und seinen Folgeprodukten eigen ist, weiß man, daß sie auf die molekulare Gen-Ebene eine mutative Wirkung ausübt. Sie vergrößert damit bzw. schafft neues Material für die selektive Wirkung der Umwelt auf der Ebene des realen Phänotypus. Sie sichert so die Entwicklung einer großen Mannigfaltigkeit.

Andererseits kennt man die zellschädigende Wirkung jeder Korpuskularstrahlung. Wäre diese eine, wie immer geartete, absolut letale, wäre die zahlenmäßige Zunahme der Organismen für die erdgeschichtliche Zeitspanne schwer verständlich. Es muß ein Mechanismus existieren, der in der Lage ist, geschädigte Zellen auszuheilen. Der Heilungsvorgang erfordert zusätzliche Energie, die vom Organismus geliefert werden muß. Wo diese individuell unterschiedliche Leistungsfähigkeit überschritten wird, tritt die letale Wirkung der Strahlung in Erscheinung. Mit dieser Schwankungsbreite erscheint sie als ein zusätzlich wirkender, endogener Selektionsfaktor.

Der Autor dankt Herrn Prof. Dr. W. STOLZ, Sektion Physik der Bergakademie Freiberg, sowie Herrn Prof. Dr. med. W. OELSSNER der Karl-Marx-Universität Leipzig für eine vielseitige Diskussion und Beratung.

LITERATURVERZEICHNIS

Aurand, K., et al.: Radongehalt des Trinkwassers und daraus resultierende Strahlenexposition. — Intern. Radon-Symposium Bad Münster am Stein-Ehrenburg 1979.

Dorn, F. E.: Abh. Naturf. Ges., Halle 1900.

Gray, R. W.; Ramsay, H.: Compt. Rend. **151** (1910).

Günther, R.; Egg, D.; Herold, M.: DNA-Repair und Kortisolproduktion unter Radontherapie bei Gesunden und Rheumakranken. — Intern. Radon-Symposium Bad Münster am Stein-Ehrenburg 1979.

Jacobi, W.: Das Lungenkrebsrisiko durch Inhalation von ^{222}Radon-Zerfallsprodukten. — Intern. Radon-Symposium Bad Münster am Stein-Ehrenburg 1979.

Keller, C.: Uranuntersuchungsgrube im Schwarzwald. — Naturwiss. Rdsch. **33** (1980) H. 5.

Koczy, G.: Weitere Uranbestimmungen an Meerwasserproben. — Akad. d. Wiss., Wien, Math.-Nat. Kl., Sitz.-Ber. Abt. IIa, Bd. 158, 1950.

Miller, S. F.; Holoday, D. A.; Doyle, H. N.: Proceedings; First International Conference on the Peaceful Uses of Atom. En. Genera V. 13, 1955.

Paletta, B.: Biochemische Schaltvorgänge bei Radoninhalation. — Intern. Radon-Symposium Bad Münster am Stein-Ehrenburg 1979.

Pfaller, W.: Subzelluläre Veränderungen der Nebennierenrinde nach Inhalation von ^{222}Rn. — Intern. Radon-Symposium Bad Münster am Stein-Ehrenburg 1979.

Pohl, E.: Physikalische Grundlage der Radontherapie: Organ und Gewebedosen und ihre Bedeutung für Patient und Personal. — Intern. Radon-Symposium Bad Münster am Stein-Ehrenburg 1979.

Pohl-Rüling, J.; Fischer, P.; Pohl, E.: Chromosomenaberration nach Inhalation von ^{222}Rn. — Intern. Radon-Symposium Bad Münster am Stein-Ehrenburg 1979.

Reiter, R.: Naturwiss. 42 (1955).

Reiter, R.: Geof. Pura Appl. **33** (1956)

Schmidt, C.: Z. Anorg. Allg. Chemie **13** (1918).

Tuschl, H.; Altmann, H.: Untersuchungen über den Einfluß von Radon auf Immunsysteme und DNA-Stoffwechsel. — Intern. Radon-Symposium Bad Münster am Stein-Ehrenburg 1979.

Weigel, F.: Chemiker-Zeitung, **102** (1978) 9.

Weitere benutzte allgemeine Literatur

Beneš, J.: Radioaktive Kontamination der Biosphäre. — Umweltforschungsheft — Jena: G. Fischer-Verlag. 1981.

POULHEIM, K. F.: Radioaktivität im Menschen. – Umweltforschungsheft. – Jena: G. Fischer-Verlag 1981.

SCHIFFNER, C.; WEIDIG, M.: Radioaktive Wässer in Sachsen, Teil I–IV. – Freiberg: Graz u. Gerlach 1912.

STEINHÄUSLER, F.: Intrazellulare bioenergetische Änderungen durch α-Strahlung mit kleinen Dosen. – Intern. Radon-Symposium Bad Münster am Stein-Ehrenburg 1979.

STOLZ, W.: Radioaktivität, Teil I u. II. – Leipzig: BSB B. G. Teubner Verlagsgesellschaft 1976, 1978 (Math.-Nat. Bibliothek).

STOLZ, W.; BERNHARDT, R.: Dosimetrie ionisierender Strahlung. – Berlin: Akademie-Verlag 1981 (Wiss. Taschenb., Math.-Phys., Bd. 273).

Veröffentlichungen des Internationalen Radon-Symposiums Bad Münster am Stein-Ehrenburg 1979.

SITZUNGSBERICHTE DER SÄCHSISCHEN AKADEMIE DER WISSENSCHAFTEN ZU LEIPZIG

MATHEMATISCH-NATURWISSENSCHAFTLICHE KLASSE

Band 109

Heft 1 Prof. Dr. Erich Rammler, Über die Theorien der Braunkohlenbrikettentstehung
1970. 38 Seiten – 13 Abb., davon 2 auf 2 Tafeln – 8° – M 4,–

Heft 2 Prof. Dr. Wolfgang Tutschke, Stammfunktionen komplexwertiger Funktionen
1970. 20 Seiten – 8° – M 3,70

Heft 3 Dr. habil. Günther Eisenreich, Zur Syzgientheorie und Theorie des inversen Systems perfekter Ideale und Vektormodule in Polynomringen und Stellenringen 1970. 88 Seiten – 8° – M 10,80

Heft 4 Prof. Dr. med. Rolf Emmrich, Hochdruck und Hyperlipidämie (Hypercholesterinämie) als Risikofaktoren für die Entstehung der Arteriosklerosen
1971. 28 Seiten – 10 Abbildungen – 4 Tabellen – 8° – M 3,90

Heft 5 Prof. Dr. Hans Drischel, Biologische Rhythmen
1972. 57 Seiten – 31 Abbildungen – 1 Tabelle – 8° – M 6,60

Heft 6 Prof. Dr.-Ing. Dr. h. c. Kurt Schwabe, Konzentrierte Elektrolytlösungen – Thermodynamische und kinetische Eigenschaften 1972. 49 Seiten – 27 Abbildungen – 2 Tabellen – 8° – M 7,50

Heft 7 Prof. Dr. Wolfgang Tutschke, Konstruktion von globalen Lösungen mit vorgeschriebenen Singularitäten bei partiellen komplexen Differentialgleichungssystemen 1972. 24 Seiten – 8° – M 4,50

Band 110

Heft 1 Prof. Dr.-Ing. Dr. h. c. Paul Görlich, Über die Laser und ihre Anwendung
1972. 24 Seiten – 8° – M 2,30

Heft 2 Prof. Dr. Hasso Essbach, Zum Problem der Tumoren im Kindesalter
1972. 24 Seiten – 11 Abbildungen auf 10 Kunstdrucktafeln – 8° – M 6,–

Heft 3 Prof. Dr. med. Walter Brednow, Zur Anthropologie des Schwindels
1973. 17 Seiten – 2 Abbildungen auf 2 Kunstdrucktafeln – 8° – M 2,50

Heft 4 Prof. Dr.-Ing. Dr. h. c. Paul Görlich, Betrachtungen über den Wissenschaftlichen Gerätebau
1972. 39 Seiten – 8° – M 3,–

Heft 5 Prof. Dr. Erich Rammler, Einige Betrachtungen über Erdgas
1974. 43 Seiten – 8 Abbildungen – 3 Tabellen – 8° – M 4,50

Heft 6 Prof. Dr. Gustav E. R. Schulze, Zur Rolle des Einfachheitsprinzips im physikalischen Weltbild
1974. 23 Seiten – 4 Abbildungen – 8° – M 2,50

Heft 7 Prof. Dr. med. Rolf Emmrich, Zwischen Leben und Tod. Ärztliche Probleme der Thanatologie
1974. 22 Seiten – 2 Abbildungen – 4 Tabellen – 8° – M 3,50

Band 111

Heft 1 Prof. Dr. Wilhelm Maier, Vom Erbe Bernhard Riemanns 1975. 16 Seiten – 8° – M 2,50

Heft 2 Prof. Dr. med. Hans Drischel, Organismus und geophysikalische Umwelt
1975. 50 Seiten – 25 Abbildungen – 1 Tabelle – 8° – M 7,–

Heft 3 Prof. Dr. Maria Hasse, Zum Begriff des allgemeinen Produkts von Kategorien
1975. 32 Seiten – 8° – M 5,–

FSC
www.fsc.org
MIX
Papier | Fördert gute Waldnutzung
FSC® C083411

Zeitfracht Medien GmbH
Ferdinand-Jühlke-Straße 7
99095 Erfurt, Deutschland
produktsicherheit@kolibri360.de